NUMBER BLAST!!

FUN WORKSHEETS TO ***MASTER*** MATH SKILLS!
FOR SCHOOL AND HOME!

GRADE 3+4

OPEN MIND MATH

Published by Open Mind Math

ISBN 978-0-6480419-8-6

YouTube: Open Mind Math

TABLE OF CONTENTS

HOW TO USE THIS BOOK

THE BEST WAY TO DEVELOP NUMBER FLUENCY IS TO PRACTISE OFTEN. STUDENTS SHOULD PRACTISE THEIR NUMBER SKILLS REPEATEDLY UNTIL THEY ARE AUTOMATIC AND EASY.

THIS IS WHY NUMBER BLAST IS HERE! EACH PAGE IS CRAMMED WITH PROBLEMS THAT WILL GIVE STUDENTS PLENTY OF PRACTISE. THIS EDITION IS DESIGNED TO MEET THE DIFFICULTY LEVEL OF CHILDREN IN GRADES 3 AND 4.

EACH SECTION BEGINS WITH EASIER PROBLEMS. SUBSEQUENT PAGES BECOME MORE VARIED AND DIFFICULT. HOWEVER, PAGES DO NOT NEED TO BE COMPLETED IN ORDER.

EACH PAGE TAKES BETWEEN 2 AND 20 MINUTES TO COMPLETE, DEPENDING ON STUDENT ABILITY AND FOCUS. THE BASIC SKILLS OF MATHS SUCH AS NUMBER BONDS AND TIMES TABLES CAN BE PRACTISED MANY TIMES AND MASTERED.

YOU CAN PHOTOCOPY HARDCOPIES OF EACH PAGE AS MANY TIMES AS YOU LIKE FOR USE AT HOME OR IN THE CLASSROOM. THE PAGES WITHIN CAN BE COPIED AND USED OVER AND OVER AGAIN.

STUDENTS DO NOT NEED TO TIME THEMSELVES WHEN WORKING ON THE PAGES, BUT IF THEY DO THERE IS A BOX TO RECORD TIMES.

NOTE: NUMBERS THAT ARE WRITTEN IN A LIGHTER GREY ARE EXAMPLE SOLUTIONS. THESE ARE INTENDED TO SHOW CHILDREN HOW THEY SHOULD FILL OUT THE PAGE.

STEPPING STONE +2 / +3

Start at the middle. Add by +2 up and +3 down. Add the number on the circle then go back to the pattern.

NAME:

TIME: __ __ : __ __

+2 ↑

+3 ↓

14																		
12																		
+4		+1		+4		+1		+6		+1		+3		+5		+3		+5
8	+3		+4		+5		+3		+4		+5		+1		+1		+4	
6																		
4																		
2	1	4	7	5	11	8	14	9	21	3	6	18	26	50	47	65	88	74
5																		
8																		
+4		+1		+2		+4		+5		+1		+7		+5		+1		+1
12	+2		+4		+1		+2		+2		+4		+6		+4		+2	
15																		
18																		

STEPPING STONE +4 / +5

Start at the middle. Add by +4 up and +5 down. Add the number on the circle then go back to the pattern.

NAME:

TIME: __ __ : __ __

↑ +4

19																		
15																		
+1		+1		+3		+1		+6		+1		+3		+5		+3		+5
14	+3		+2		+5		+3		+2		+5		+1		+1		+6	
10																		
6																		
2	1	4	7	5	11	8	14	9	21	3	6	13	26	40	47	65	78	84
7																		
12																		
+2		+1		+2		+4		+3		+1		+7		+2		+1		+1
14	+2		+4		+1		+2		+2		+4		+6		+4		+2	
19																		
24																		

+5 ↓

STEPPING STONE +6 / +7

Start at the middle. Add by +6 up and +7 down. Add the number on the circle then go back to the pattern.

NAME:

TIME: __ __ : __ __

+6 ↑

27																		
21																		
+1		+1		+3		+1		+2		+1		+3		+5		+3		+5
20	+3		+2		+5		+3		+2		+5		+1		+1		+4	
14																		
8																		
2	1	5	8	6	11	7	4	9	21	3	16	13	10	25	43	55	68	72
9																		
16																		
+2		+1		+2		+4		+3		+1		+5		+2		+1		+1
18	+3		+4		+1		+2		+2		+4		+6		+4		+2	
25																		
32																		

+7 ↓

STEPPING STONE +6 / +7

Start at the middle. Add by +8 up and +9 down. Add the number on the circle then go back to the pattern.

NAME:

TIME: __ __ : __ __

	37																		
	29																		
↑	+1		+1		+3		+1		+2		+1		+3		+5		+3		+5
↑	28	+3		+2		+5		+3		+2		+5		+1		+1		+4	
+8	20																		
	12																		
	4	1	5	8	6	11	7	2	9	21	3	17	13	10	35	49	56	63	81
+9	13																		
	22																		
↓	+2		+1		+2		+4		+3		+1		+7		+2		+1		+1
↓	24	+3		+4		+1		+2		+2		+4		+6		+4		+2	
	33																		
	42																		

BIG KAHUNA ADDITION #1

Add the number at the side to the number at the top.

NAME:

TIME: __ __ : __ __

+	12	15	22	13	16	20	30	14	18	25	19	34	27	50	42	71	84	36	99
3	15																		
5	17																		
2	14																		
8	20																		
1																			
7																			
12																			
4																			
10																			
6																			
11																			
9																			

BIG KAHUNA ADDITION #2

Add the number at the side to the number at the top.

NAME:

TIME: __ __ : __ __

+	13	19	17	12	15	29	31	14	18	32	12	38	47	40	49	63	89	1	98
6	19																		
1	14																		
4	17																		
8	21																		
2																			
11																			
9																			
3																			
10																			
5																			
7																			
12																			

BIG KAHUNA ADDITION #3

Add the number at the side to the number at the top.

NAME:

TIME: __ __ : __ __

+	12	14	15	19	22	26	33	11	17	37	23	43	46	50	54	68	79	84	96
7	19																		
5	17																		
1	13																		
12	24																		
4																			
8																			
11																			
2																			
9																			
3																			
10																			
6																			

NUMBER BOX ADDITION #1

Find the total of all rows and columns!

NAME:

TIME: __ __ : __ __

10	8	5	
7	13	9	
4	6	3	

12	8	7	
9	16	14	
7	10	2	

15	17	8	
14	25	6	
3	6	13	

18	21	3	
20	7	6	
5	9	19	

20	11	6	
1	23	7	
5	4	24	

24	25	5	
6	11	37	
16	17	22	

30	17	4	
30	9	10	
3	1	16	

22	20	3	
18	27	7	
2	4	55	

30	20	9	
22	15	19	
8	2	3	

50	40	7	
10	22	16	
5	6	23	

6	16	20	
40	28	12	
7	26	48	

65	40	2	
65	40	23	
6	40	7	

NUMBER BOX ADDITION #2

Find the total of all rows and columns!

NAME:

TIME: __ __ : __ __

8	2	13	4
10	13	5	3
5	7	9	11
12	4	1	15

2	3	13	6
8	1	15	5
12	17	9	11
14	8	7	20

7	10	16	2
18	7	1	19
6	7	3	8
30	14	8	8

1	4	7	11
2	5	8	12
3	6	9	13
16	17	18	19

0	1	35	19
7	18	50	21
11	6	23	1
36	4	10	4

10	4	3	15
8	5	2	5
7	18	7	6
11	8	21	2

4	13	6	30
6	7	12	3
18	3	17	1
11	24	9	0

2	18	4	29
4	4	14	24
7	8	0	10
31	9	5	25

3	6	40	6
34	7	7	5
7	29	12	16
10	12	36	9

3	3	24	9
20	38	11	0
9	1	45	3
8	3	1	13

4	8	10	12
6	10	12	14
8	12	14	16
10	14	16	18

2	5	7	9
3	9	25	7
8	13	6	5
9	3	7	10

3	7	13	11
13	3	7	17
19	23	51	3
2	5	31	7

8	2	4	16
2	32	1	4
16	4	64	1
64	8	2	4

21	24	27	31
22	26	27	34
43	46	49	41
54	56	58	59

MEGA-SIZED ADDITION #1

Can you solve these mega-sized column addition problems?!

NAME:

TIME: __ __ : __ __

	6	8	2	6	2	9	7	0	3	6	4	9	2	5	8	0	7	5	1
+	3	1	7	3	7	0	2	2	1	3	4	0	6	4	0	9	2	3	2

	2	3	8	4	7	1	2	4	2	1	3	5	2	7	3	8	0	7	7
+	2	3	0	4	2	1	7	5	3	8	6	2	1	2	6	1	7	1	2

	6	0	1	2	3	3	3	4	5	6	3	7	1	2	4	2	9	1	2
+	3	0	5	5	6	3	5	2	1	2	6	2	1	4	5	3	0	1	2

	1	9	7	6	2	1	3	8	1	8	7	2	4	6	5	8	3	2	0
+	8	0	0	3	6	8	6	0	0	1	2	7	5	4	3	1	5	2	8

MEGA-SIZED ADDITION #2

Can you solve these mega-sized column addition problems?!

NAME:

TIME: __ __ : __ __

```
  2 7 2 8 4 5 8 9 3 6 6 9 1 9 8 3 4 6 7
+ 7 5 9 3 6 6 0 2 2 7 4 5 7 4 9 8 6 2 6
```

```
  8 6 8 7 3 5 9 7 5 6 3 4 4 7 9 0 4 5 7
+ 2 5 4 4 7 1 9 2 5 8 3 7 9 5 6 5 8 7 6
```

```
  6 5 1 5 7 0 4 5 8 7 2 8 1 8 3 7 9 1 8
+ 7 7 9 5 8 3 4 6 9 7 8 4 6 4 6 3 9 9 2
```

```
  5 9 3 5 3 6 3 7 1 8 7 9 4 6 0 3 2 7 5
+ 8 9 4 8 3 7 2 4 8 1 9 7 7 5 9 1 8 4 8
```

MEGA-SIZED ADDITION #3

Can you solve these mega-sized column addition problems?!

NAME:

TIME: __ __ : __ __

	3	6	1	9	3	7	9	6	1	3	7	4	5	6	4	6	3	8	5
+	8	6	5	5	3	5	0	6	4	8	3	3	1	6	8	9	6	8	7

	4	6	4	9	0	6	8	9	3	6	8	6	6	4	0	6	3	6	7
+	7	7	6	6	3	3	7	5	5	2	9	9	5	8	2	8	8	8	7

	5	4	2	6	8	2	7	4	4	2	1	0	7	9	8	6	2	4	7
+	5	8	0	3	6	9	7	8	4	8	1	9	4	9	5	3	5	7	8

	9	5	1	6	5	6	7	4	0	6	9	5	6	0	6	9	8	3	6
+	3	0	8	7	5	9	7	7	7	8	2	4	8	1	7	9	8	5	2

STEPPING STONE -2 / -3

Start at the middle. Take by −2 up and −3 down. Take the number on the circle then go back to the pattern.

NAME:

TIME: __ __ : __ __

-2 (up)

-3 (down)

9																		
11																		
-4		-1		-5		-1		-6		-1		-3		-5		-3		-5
15	-3		-3		-4		-3		-4		-5		-1		-1		-4	
17																		
19																		
21	25	20	22	27	31	28	29	30	33	36	40	35	38	45	41	50	64	81
18																		
15																		
-4		-1		-2		-4		-5		-1		-7		-5		-1		-1
11	-2		-4		-1		-2		-2		-4		-6		-4		-2	
8																		
5																		

STEPPING STONE -4 / -5

Start at the middle. Take by −4 up and −5 down. Take the number on the circle then go back to the pattern.

NAME:

TIME: __ __ : __ __

↑ -4

7																		
11																		
-2		-1		-5		-1		-6		-1		-3		-5		-3		-5
13	-3		-3		-6		-3		-1		-5		-1		-1		-3	
17																		
21																		
25	27	26	29	31	34	28	35	40	30	36	32	45	58	51	67	80	72	99
20																		
15																		
-4		-1		-2		-4		-3		-1		-7		-2		-1		-1
11	-2		-4		-1		-2		-2		-4		-6		-4		-2	
6																		
1																		

-5 ↓

STEPPING STONE -6 / -7

Start at the middle. Take by −6 up and −7 down. Take the number on the circle then go back to the pattern.

NAME:

TIME: __ __ : __ __

-6 ↑

-7 ↓

7																		
13																		
-2		-1		-5		-1		-6		-1		-3		-5		-3		-5
15	-3		-3		-6		-3		-1		-5		-1		-1		-3	
21																		
27																		
33	38	35	42	40	39	44	50	49	52	41	56	63	61	70	66	73	80	88
26																		
19																		
-4		-1		-2		-4		-3		-1		-7		-2		-1		-1
15	-2		-4		-1		-2		-2		-4		-6		-4		-2	
8																		
1																		

STEPPING STONE -8 / -9

Start at the middle. Take by −8 up and −9 down. Take the number on the circle then go back to the pattern.

NAME:

TIME: __ __ : __ __

↑ -8

↓ -9

7																		
15																		
-4		-1		-4		-5		-6		-1		-9		-4		-3		-5
19	-3		-2		-6		-3		-5		-7		-1		-1		-7	
27																		
35																		
43	46	42	50	47	52	49	56	44	55	45	59	62	61	73	66	77	90	84
34																		
25																		
-4		-4		-2		-6		-3		-1		-7		-1		-4		-1
21	-1		-4		-1		-2		-5		-4		-6		-5		-2	
12																		
3																		

MEGA-SIZED SUBTRACTION #1

Can you solve these mega-sized column subtraction problems?!

NAME:

TIME: __ __ : __ __

	6	5	4	9	7	7	6	9	5	4	7	9	7	5	6	7	7	5	7
-	3	4	2	1	7	6	2	0	5	3	4	5	6	3	6	0	5	1	2

	5	6	6	2	7	0	7	9	7	5	8	5	6	7	7	5	9	7	5
-	2	2	4	1	6	0	7	5	3	2	3	4	3	4	6	4	5	6	2

	6	5	9	5	2	7	6	6	5	5	9	6	1	9	6	4	6	7	7
-	3	0	3	5	2	2	4	0	4	1	2	4	1	3	3	4	0	5	2

	9	2	9	6	7	6	8	6	1	7	8	7	7	8	5	7	6	9	5
-	3	1	5	0	1	3	3	3	0	3	3	7	2	4	3	1	5	2	4

MEGA-SIZED SUBTRACTION #2

Can you solve these mega-sized column subtraction problems?!

NAME:

TIME: __ __ : __ __

	8	7	4	3	7	3	6	5	5	6	2	9	7	8	3	4	6	4	7
-	4	8	2	8	2	6	2	9	5	3	4	5	8	3	1	7	3	6	2

	4	1	5	5	8	4	7	9	4	4	7	6	6	7	2	1	9	7	1
-	1	2	7	1	9	2	0	5	9	7	3	9	1	4	6	4	5	6	2

	9	5	0	7	1	2	9	5	3	0	6	6	9	9	1	2	6	7	1
-	3	0	3	4	8	5	2	2	8	6	2	2	1	3	3	4	0	5	2

	8	0	9	0	0	6	4	3	1	7	8	7	0	0	4	7	0	9	2
-	5	1	5	0	1	3	7	3	4	8	3	3	6	7	8	1	5	2	4

MEGA-SIZED SUBTRACTION #3

Can you solve these mega-sized column subtraction problems?!

NAME:

TIME: __ __ : __ __

	7	8	0	5	8	5	7	0	3	7	4	7	6	7	6	5	5	3	5
-	2	9	5	6	3	5	1	4	3	9	4	6	9	3	0	8	1	7	2

	8	0	7	4	5	3	5	5	9	6	2	4	9	8	6	0	0	2	3
-	5	8	8	1	4	7	0	5	5	4	3	7	4	3	6	3	8	1	4

	9	6	1	8	7	6	7	4	0	6	4	5	0	7	5	5	2	6	7
-	2	0	1	4	2	5	8	7	4	6	4	8	2	7	1	3	2	8	5

	7	3	6	9	7	7	5	0	6	4	0	9	6	3	2	4	6	7	1
-	1	8	7	2	3	2	3	0	1	6	3	8	3	8	2	6	3	5	5

BIG KAHUNA SUBTRACTION #1

Subtract the number at the side from the number at the top.

NAME:

TIME: __ __ : __ __

–	12	15	17	13	16	20	30	14	18	25	19	34	27	50	42	71	84	36	99
3	9																		
5	7																		
2	10																		
8	4																		
1																			
7																			
12																			
4																			
10																			
6																			
11																			
9																			

BIG KAHUNA SUBTRACTION #2

Subtract the number at the side from the number at the top.

NAME:

TIME: __ __ : __ __

–	16	20	18	21	17	25	31	29	34	23	45	19	51	60	58	72	84	46	79
4	12																		
7	9																		
5	11																		
3	13																		
13																			
15																			
9																			
14																			
4																			
12																			
6																			
8																			

BIG KAHUNA SUBTRACTION #3

Subtract the number at the side from the number at the top.

NAME:

TIME: __ __ : __ __

−	18	22	19	24	21	28	35	39	44	26	48	39	56	70	65	82	95	47	99
2	16																		
4	14																		
5	13																		
7	11																		
15																			
8																			
3																			
14																			
4																			
9																			
6																			
10																			

NUMBER BOX SUBTRACTION #1

NAME:

TIME: _ _ : _ _

Subtract along rows and columns, as per the example.

8	5	3	10	8		11	6		14	7	
4	2	2	7	5		7	4		6	5	
2	3										

16	12		18	16		18	14		19	13	
10	8		8	4		9	3		10	4	

20	15		22	16		21	6		23	10	
9	7		11	8		13	5		20	7	

25	24		26	12		29	20		30	25	
14	6		17	8		15	7		12	2	

35	24		39	7		50	26		80	50	
19	4		25	2		24	17		40	13	

NUMBER BOX SUBTRACTION #2

NAME:

TIME: __ __ : __ __

Subtract along rows and columns, as per the example.

9	6	3
5	4	1
4	2	

11	7	
6	4	

12	5	
8	4	

13	9	
8	3	

16	12	
10	8	

18	16	
8	4	

18	14	
9	3	

19	16	
3	1	

22	15	
10	4	

25	13	
12	5	

23	7	
17	3	

24	20	
8	2	

26	18	
13	9	

29	17	
18	4	

33	23	
17	12	

39	28	
19	5	

42	27	
23	11	

48	36	
32	21	

55	37	
12	7	

99	54	
76	23	

BIG KAHUNA MULTIPLY #1

Multiply the number at the side by the number at the top.

NAME:

TIME: __ __ : __ __

×	3	5	2	10	8	1	4	6	9	7	12	14	13	20	15	3	7	9	8
2	6																		
6	18																		
4	12																		
8	24																		
7																			
1																			
12																			
9																			
11																			
3																			
5																			
10																			

BIG KAHUNA MULTIPLY #2

Multiply the number at the side by the number at the top.

NAME:

TIME: __ __ : __ __

×	4	2	5	10	7	12	8	6	1	3	9	14	11	13	17	19	16	18	15
4	16																		
8	32																		
6	24																		
10	40																		
9																			
12																			
2																			
5																			
3																			
11																			
7																			
1																			

TIMES TABLES CHALLENGE 6X10

NAME:

TIME: _ _ : _ _

Multiply the top number by the side number!

X	2	10	5	3	1	4
6						
1						
3						
5						
9						
4						
10						
8						
2						
7						

TIMES TABLES CHALLENGE 10X10

NAME:

TIME: __ __ : __ __

Multiply the top number by the side number!

×	8	1	7	10	6	2	5	4	9	3
2										
5										
3										
10										
6										
1										
9										
4										
8										
7										

TIMES TABLES BLANK 10X10

NAME:

TIME: __ __ : __ __

Create your own times tables challenge!
Copy this template. Then fill out the top row with numbers 1 to 10, and fill out the lefthand column with numbers 1 to 10. Use your grid to test yourself or someone else on their tables skills!

×										

TIMES TABLES CHALLENGE 12X12

NAME:

TIME: __ __ : __ __

Multiply the top number by the side number.

×	2	5	9	1	12	7	6	11	8	3	10	4
9												
4												
11												
5												
12												
2												
10												
7												
1												
6												
3												
8												

TIMES TABLES BLANK 12X12

NAME:

TIME: __ __ : __ __

Create your own times tables challenge!
Copy this template. Then fill out the top row with numbers 1 to 12, and fill out the lefthand column with numbers 1 to 12. Use your grid to test yourself or someone else on their tables skills!

×												

MULTIPLICATION MINI-GRIDS #1

Multiply the top number by the side number in each mini-grid.

NAME:

TIME: __ __ : __ __

×	2	4	1
3			
2			
5			

×	3	2	1
4			
2			
6			

×	1	3	5
2			
4			
3			

×	6	1	3
4			
2			
7			

×	3	5	6
4			
1			
5			

×	7	3	6
4			
5			
2			

×	2	7	3
5			
4			
2			

×	7	2	5
4			
5			
9			

×	9	3	5
2			
7			
6			

×	8	7	3
6			
2			
4			

×	3	6	4
7			
9			
3			

×	3	5	2
7			
8			
2			

MULTIPLICATION MINI-GRIDS #2

Multiply the top number by the side number in each mini-grid.

NAME:

TIME: __ __ : __ __

×	8	5	3
7			
3			
1			

×	4	9	2
6			
2			
8			

×	2	3	7
9			
7			
5			

×	5	1	4
8			
6			
3			

×	2	6	7
7			
3			
4			

×	3	7	4
8			
2			
9			

×	8	2	6
4			
9			
1			

×	5	2	4
7			
1			
3			

×	6	8	4
9			
3			
5			

×	2	6	9
5			
4			
3			

×	6	8	9
3			
5			
7			

×	4	7	8
6			
3			
8			

MULTIPLICATION MINI-GRID #3

Multiply the top number by the side number in each mini-grid.

NAME:

TIME: __ __ : __ __

×	8	2	3	7
4				
9				
6				
3				

×	5	7	1	2
6				
4				
7				
9				

×	2	5	3	8
7				
5				
9				
4				

×	2	6	4	3
3				
1				
2				
5				

×	4	5	7	6
9				
8				
2				
4				

×	5	7	3	8
4				
3				
8				
2				

×	6	4	2	9
7				
3				
1				
4				

×	6	9	8	5
2				
8				
1				
7				

×	3	9	6	4
8				
4				
2				
6				

×	7	2	3	1
5				
6				
2				
3				

×	6	8	4	9
2				
7				
5				
6				

×	9	3	1	8
4				
9				
7				
2				

×	7	6	3	4
9				
2				
8				
5				

×	8	4	6	3
6				
4				
2				
1				

×	3	8	4	9
7				
1				
5				
9				

FACTOR WEB DIVISION #1

Find all factors of each number!

NAME:

TIME: __ __ : __ __

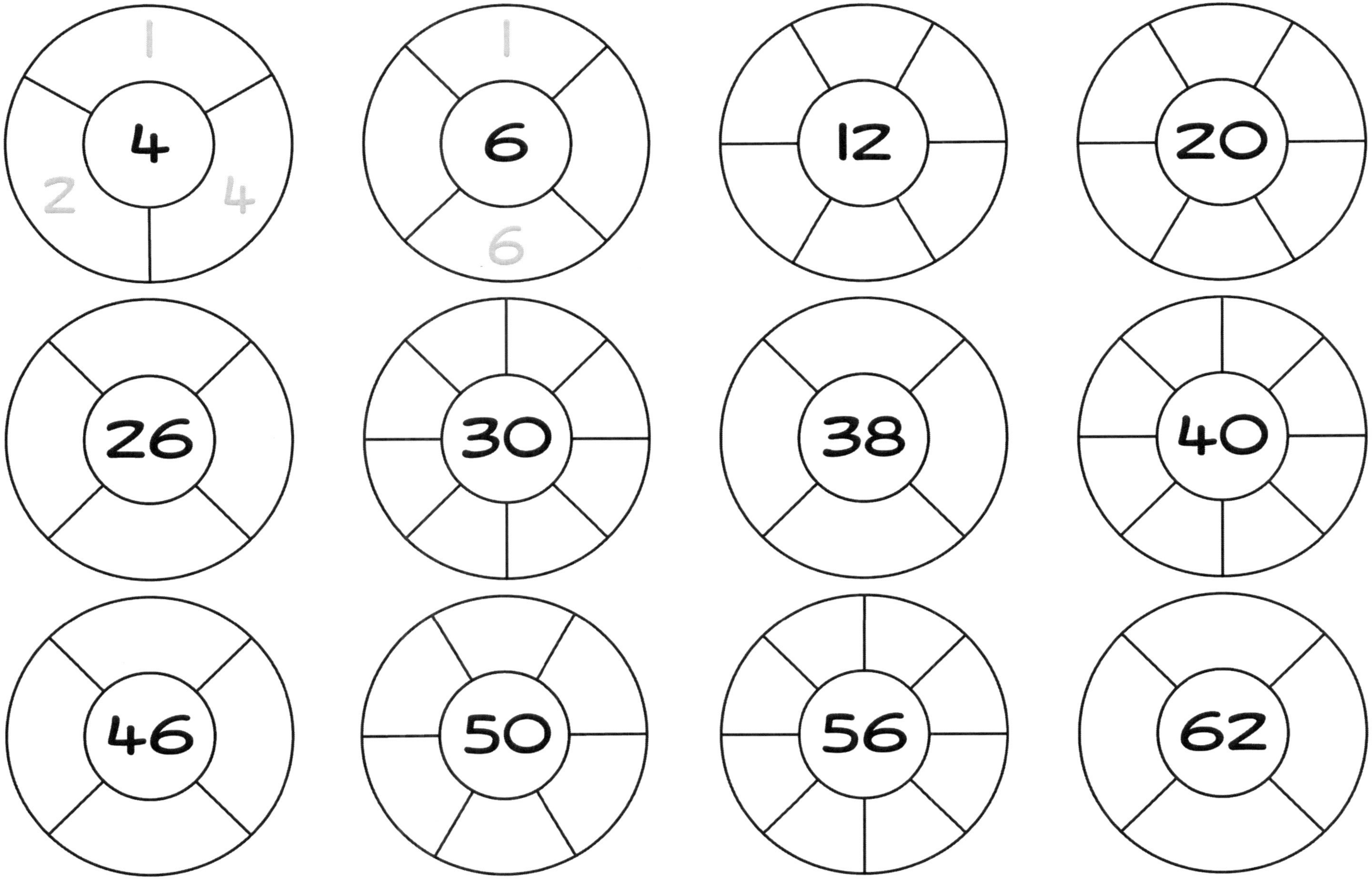

FACTOR WEB DIVISION #2

Find all factors of each number!

NAME:

TIME: __ __ : __ __

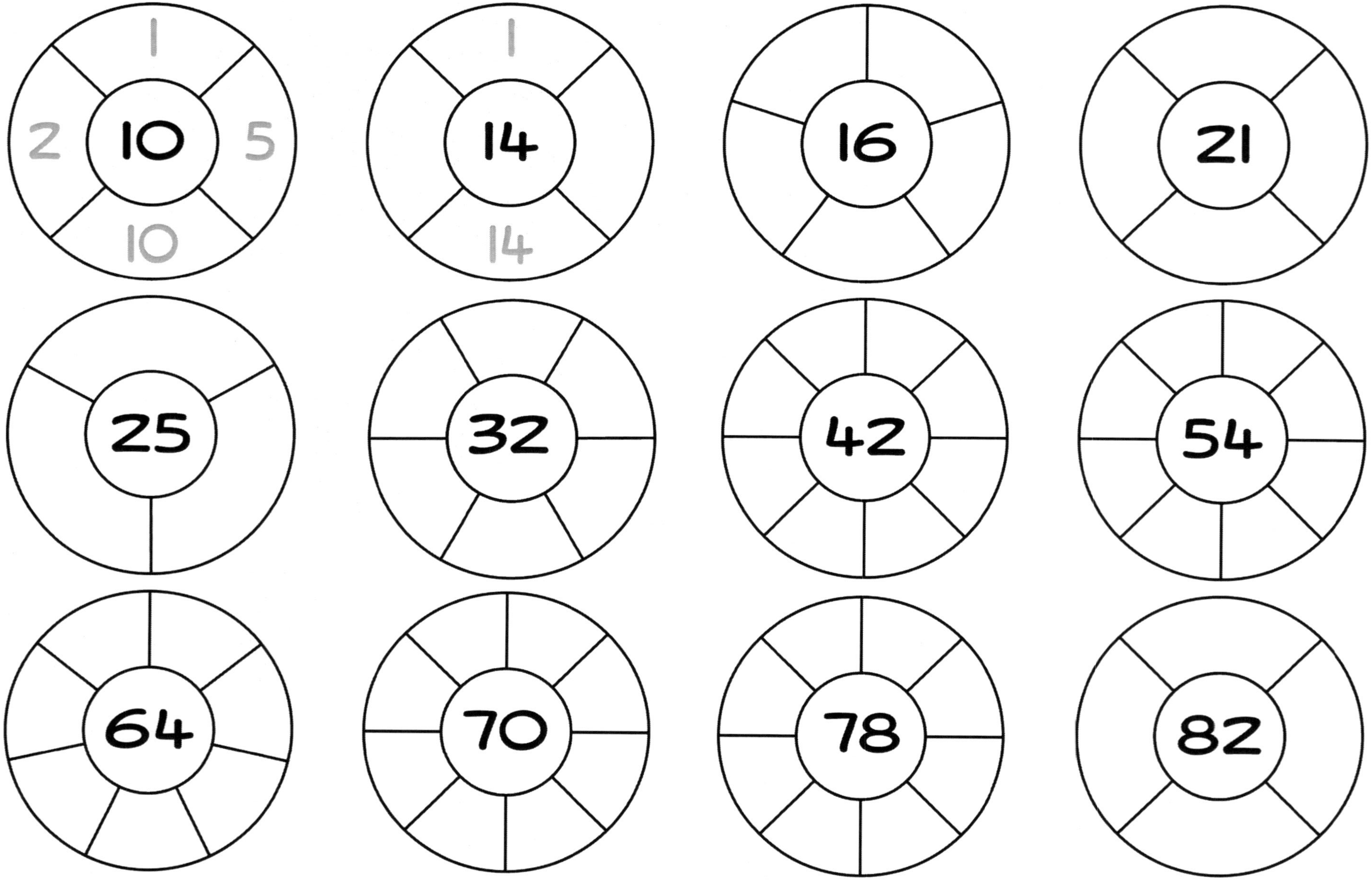

DIVISION BOXES 2 X 2 #1

NAME:

TIME: __ __ : __ __

Find the common divisor for each row and column!

÷	2	1
3	6	3
4	8	4

÷	1	
4	4	20
	3	15

÷	2	
	10	5
	6	3

÷		
	16	8
	12	6

÷		
	15	6
	10	4

÷		
	4	2
	12	6

÷		
	15	5
	12	4

÷		
	12	2
	24	4

÷		
	2	6
	10	30

÷		
	15	12
	20	16

÷		
	6	4
	30	20

÷		
	30	20
	18	12

÷		
	12	6
	6	3

÷		
	30	20
	36	24

÷		
	9	6
	15	10

÷		
	4	7
	12	21

÷		
	10	20
	14	28

÷		
	21	18
	14	12

÷		
	20	35
	24	42

÷		
	16	8
	24	12

DIVISION BOXES 2 X 2 #2

NAME:

TIME: __ __ : __ __

Find the common divisor for each row and column!

÷	3	4
2	6	8
7	21	28

÷	2	
4	8	24
	10	30

÷	1	
	3	24
	7	56

÷		
	18	16
	63	56

÷		
	7	14
	6	12

÷		
	7	3
	56	24

÷		
	35	14
	25	10

÷		
	24	32
	18	24

÷		
	24	40
	12	20

÷		
	6	21
	18	63

÷		
	64	40
	16	10

÷		
	14	6
	42	18

÷		
	28	7
	12	3

÷		
	63	14
	36	8

÷		
	48	42
	40	35

÷		
	12	28
	27	63

÷		
	24	8
	21	7

÷		
	45	30
	63	42

÷		
	24	21
	32	28

÷		
	24	32
	12	16

DIVISION BOXES 3 X 3 #1

Find the common divisor for each row and column!

NAME:

TIME: __ __ : __ __

÷	2	1	
4	8	4	12
2	4	2	6
	2	1	3

÷	3		
3	9	12	3
	3	4	1
	15	20	5

÷	2		
	6	18	12
	2	6	4
	10	30	20

÷			
	12	24	18
	8	16	12
	10	20	15

÷			
	18	12	3
	42	28	7
	12	8	2

÷			
	10	30	35
	6	18	21
	8	24	28

÷			
	40	20	15
	24	12	9
	8	4	3

÷			
	40	30	20
	24	18	12
	32	24	16

÷			
	6	9	27
	8	12	36
	12	18	54

÷			
	18	63	54
	6	21	18
	16	56	48

÷			
	20	15	30
	28	21	42
	24	18	36

÷			
	24	48	18
	28	56	21
	36	72	27

DIVISION BOXES 3 X 3 #2

Find the common divisor for each row and column!

NAME:

TIME: __ __ : __ __

÷	2	1	
1	2	1	8
9	18	9	72
	14	7	56

÷	12		
2	24	14	2
	60	35	5
	72	42	6

÷	8		
	48	24	12
	40	20	10
	72	36	18

÷			
	35	10	20
	21	6	12
	63	18	36

÷			
	18	24	12
	21	28	14
	6	8	4

÷			
	24	30	54
	16	20	36
	32	40	72

÷			
	72	27	63
	16	6	14
	48	18	42

÷			
	20	32	12
	35	56	21
	30	48	18

÷			
	63	35	28
	81	45	36
	27	15	12

÷			
	45	54	27
	10	12	6
	20	24	12

÷			
	42	56	7
	36	48	6
	12	16	2

÷			
	32	56	40
	8	14	10
	24	42	30

DIVISION SKYLINE #1

Start at the top and divide each number until you get to ground level!

NAME:

TIME: __ __ : __ __

24		90		72			84		84	
÷2		÷3		÷3			÷2		÷3	
12	32		40			27				100
÷3	÷4	÷2	÷5	÷6		÷9	÷8		÷7	÷2
4					49			33		
÷2	÷2	÷3	÷4	÷2	÷7	÷1	÷3	÷11	÷2	÷10
2										

DIVISION SKYLINE #2

Start at the top and divide each number until you get to ground level!

NAME:

TIME: __ __ : __ __

72			108			96	126			120
÷2			÷2			÷4	÷3			÷2
36		60		63	160			72		
÷3		÷4	÷9	÷3	÷4	÷2	÷3	÷3		÷5
12	56								81	
÷3	÷7	÷5	÷2	÷3	÷8	÷2	÷7	÷12	÷9	÷4
4										

THIS DIVIDED BY THAT #1

NAME:

TIME: __ __ : __ __

Divide the larger number by the smaller number!

12		20		12		15		14		24		66	
4	3	5	4	6	2	3		2		3		6	
8		9		24		18		30		21		27	
4		3		4		6		5		7		3	
10		20		8		21		40		24		33	
2		4		1		3		5		8		11	
48		14		30		64		55		18		15	
8		7		6		8		11		9		3	
35		30		42		63		36		45		48	
7		10		6		7		4		9		12	
12		81		40		56		66		24		40	
2		9		10		8		6		12		8	
15		80		60		50		88		20		12	
5		10		12		5		11		2		12	

THIS DIVIDED BY THAT #2

NAME:

TIME: __ __ : __ __

Divide the larger number by the smaller number!

8	6	16	18	10	32	18
2 4	3 2	4 4	3	5	4	2
35	12	9	36	28	25	28
5	3	1	6	4	5	7
6	32	60	54	72	27	4
2	8	10	6	8	9	4
49	40	70	16	22	9	16
7	8	10	8	11	1	2
99	50	72	42	24	15	36
11	10	12	7	2	1	9
24	72	110	56	60	44	80
6	9	10	7	3	11	4
54	110	24	144	48	96	100
9	11	6	12	8	2	20

Made in United States
North Haven, CT
05 November 2026

21765288R00028